SUR LES

# VIBRATIONS LONGITUDINALES

DES

# VERGES ÉLASTIQUES.

## THÈSE DE MÉCANIQUE

PRÉSENTÉE A LA FACULTÉ DES SCIENCES DE PARIS

Par H. Sonnet,

AGRÉGÉ DE L'UNIVERSITÉ.

PARIS,

IMPRIMERIE DE BACHELIER,

RUE DU JARDINET, 12.

—

1840.

# ACADÉMIE DE PARIS.

## FACULTÉ DES SCIENCES.

| PROFESSEURS. | SUPPLÉANTS. |
|---|---|
| MM. | |
| BIOT, *Doyen*. | MM. |
| THENARD. | STURM. |
| LACROIX. | LEFÉBURE DE FOURCY. |
| FRANCOEUR. | I. GEOFFROY SAINT-HILAIRE. |
| DE MIRBEL. | Adrien DE JUSSIEU. |
| GEOFFROY SAINT-HILAIRE. | PÉLIGOT. |
| POUILLET. | MASSON. |
| PONCELET. | DUHAMEL. |
| DE BLAINVILLE. | LAURENT. |
| Constant PRÉVOST. | DELAFOSSE. |
| DUMAS. | BRONGNIART. |
| Auguste SAINT-HILAIRE. | |
| LIBRI. | |
| DESPRETZ. | |
| | |
| BEUDANT. | |

# THÈSE DE MÉCANIQUE.

SUR LES VIBRATIONS LONGITUDINALES

DES

# VERGES ÉLASTIQUES.

—

**1.** Lorsque les molécules d'un corps quelconque ont été écartées de la position d'équilibre stable qui répond à l'état naturel de ce corps, elles tendent à y revenir, tant que cet écart n'a pas atteint certaines limites plus ou moins rapprochées; et, si la cause de leur déplacement vient à cesser, elles reviennent en effet à leur position primitive, qu'elles dépassent bientôt en vertu de leur vitesse acquise, pour y revenir encore et exécuter ainsi, autour de cette position d'équilibre, une suite d'oscillations qui serait indéfinie si diverses causes ne venaient contribuer à anéantir leur mouvement au bout d'un temps souvent très court. Cette propriété générale des corps est celle que l'on désigne sous le nom d'*élasticité;* toutefois on ne regarde comme élastiques, dans le sens vulgaire du mot, que les corps dont les molécules peuvent être écartées notablement de leur position naturelle sans perdre leur tendance à y revenir.

Si une barre solide, prismatique, homogène et élastique, est soumise à un effort de traction dans le sens de sa longueur, ses molécules s'écartent les unes des autres dans le sens de cette longueur, et se rapprochent au contraire dans le sens perpendiculaire; en sorte que la longueur augmente et que ses sections transversales éprouvent une diminution qui varie depuis le milieu de la barre, où elle est à son maximum, jusque vers les extrémités où elle cesse d'être appréciable. Le contraire aurait lieu si la barre était soumise, sans s'infléchir, à un effort de compression dans le sens de sa longueur. Dans l'un et l'autre cas, la cause de la déformation venant à cesser, la barre exécutera autour de sa position primitive une suite d'oscillations en vertu desquelles sa longueur deviendra alternativement plus grande et plus petite que sa longueur naturelle, tandis que ses sections transversales deviendront, au contraire, plus petites et plus grandes que la section naturelle du prisme.

Des mouvements analogues, quoique plus compliqués, se produiraient si, à un instant initial, quelques-unes des parties de la barre avaient été soumises à des efforts de traction dans le sens de sa longueur, tandis que d'autres auraient éprouvé une compression dans ce même sens.

Lorsque la barre dont nous parlons se réduit à une simple *verge élastique*, c'est-à-dire lorsque sa longueur est considérable par rapport aux dimensions de sa section transversale, les variations de celle-ci peuvent être négligées vis-à-vis de celles que la longueur de la barre éprouve; on n'a plus alors à considérer que les mouvements oscillatoires des molécules dans le sens de cette longueur; et l'on peut admettre que toutes celles qui se trouvent dans une même section transversale sont, à un instant quelconque, animées de vitesses égales, parallèles et de même sens. Telles sont les hypothèses sur lesquelles on fonde d'ordinaire la théorie des *vibrations longitudinales des verges élastiques*. Elles s'écartent en effet très peu de la réalité, si l'on fait abstraction en outre du léger degré de flexion ou de torsion que la barre éprouve d'ordinaire, et qui suffit pour faire naître deux autres modes de vibrations qui compliquent son mouvement général.

Ces restrictions étant établies, le problème dont nous avons à nous occuper est celui-ci : Connaissant, à un instant initial, l'état d'une verge élastique, telle que nous la concevons, déterminer son état à un instant quelconque, soit que ses molécules ne restent soumises qu'à leurs attractions et répulsions mutuelles, soit qu'elles obéissent en outre pendant leur mouvement à des forces extérieures dirigées suivant la longueur de la verge, comme cela a lieu dans les cas ordinaires de l'application.

2. Concevons la verge décomposée en tranches élémentaires infiniment minces par des plans perpendiculaires à sa longueur. Soit, dans l'état naturel, $x$ la distance de l'une quelconque de ces tranches à l'une des extrémités de la verge, prise pour origine des abscisses. Au bout du temps $t$, cette tranche élémentaire se sera éloignée ou rapprochée de l'origine; soit $u$ la quantité dont elle s'est déplacée; $x + u$ sera la nouvelle valeur de $x$, et la vitesse de la tranche aura pour expression $\frac{du}{dt}$.

Sur l'une des faces de cette tranche s'exerce une force moléculaire résultante, que nous désignerons par T, et qui, dans l'état de mouvement, variera avec la distance $x$ et avec le temps $t$. Sur la face opposée de cette même tranche s'exerce une autre force moléculaire résultante T', qui diffère infiniment peu de T. L'élément en question pouvant être regardé comme soumis aux deux forces opposées T et T', leur différence T' — T, ou, ce qui revient au même, la différentielle $d$T de la première, sera la résultante des actions moléculaires qui tendent à déplacer la tranche considérée.

Cette tranche peut être soumise en outre à une force extérieure longitudinale F; et si l'on désigne par X l'accélération qu'elle produirait, si elle était seule, et par $m$ la masse de la tranche, $d$T + $m$X exprimera la force totale à laquelle cette tranche est soumise. On aura donc

$$(1) \qquad d\mathrm{T} + m\mathrm{X} = m\frac{d^2u}{dt^2}, \quad \text{d'où} \quad \frac{d^2u}{dt^2} = \mathrm{X} + \frac{d\mathrm{T}}{m}.$$

L'épaisseur, ou, si l'on veut, la longueur de l'élément considéré étant $dx$; lorsque $x$ se change en $x + u$, cette longueur devient $dx + du$, et varie conséquemment de $du$. L'expérience prouve que, lorsqu'une barre prismatique est soumise à un effort de traction ou de compression longitudinales, tant que l'on n'approche pas des limites où l'élasticité est altérée, l'allongement ou l'accourcissement qui se produisent sont proportionnels à cet effort et à la longueur de la barre, ou, en d'autres termes, que la *tension* constante qui se manifeste en chacun des éléments consécutifs de la barre, est proportionnelle au rapport entre la variation de longueur et cette longueur même. Si donc on désigne par T″ la tension correspondante à la variation *du* de la longueur *dx*, et par E l'effort qui serait nécessaire pour allonger une barre de même nature et de même section d'une quantité égale, s'il était possible, à sa longueur naturelle, on aura

$$T'' : E :: \frac{du}{dx} : 1, \quad \text{d'où } T'' = E\frac{du}{dx},$$

et par suite

$$dT'' = E.\frac{d^2u}{dx^2}.dx.$$

Or la tension uniforme T″, correspondante à la variation *du* dans l'état d'équilibre, est évidemmment comprise entre les tensions variables extrêmes, T et T′, qui correspondent à cette variation dans l'état de mouvement, et diffère par conséquent infiniment peu de l'une d'elles; on peut donc écrire, à cela près d'un infiniment petit d'ordre inférieur à *d*T,

$$dT = E\frac{d^2u}{dx^2}.dx.$$

Enfin, si l'on désigne par *l* la longueur naturelle de la verge, et par *p* son poids, $\frac{p}{l}$ sera le poids de l'unité de longueur, $\frac{pdx}{l}$ le poids de l'élément, et $\frac{pdx}{gl}$ sa masse. Mettant pour *d*T et pour *m* ces valeurs dans l'équation (1), et faisant, pour abréger,

$$\frac{glE}{p} = a^2,$$

elle deviendra

(2) $$\frac{d^2u}{dt^2} = X + a^2\frac{d^2u}{dx^2}.$$

Telle est l'équation différentielle du problème. S'il arrivait que

l'un des éléments de la verge, un élément extrême par exemple, fût
en outre soumis à l'action d'une force particulière, il en résulterait
pour ce point une condition à laquelle il faudrait satisfaire isolément.
Lorsque la force F, et par suite l'accélération X, seront données en
fonction de $x$ et de $t$, on intégrera, s'il est possible, l'équation (2);
les conditions particulières, et celles qui sont relatives à l'état initial
de la verge qui est supposé connu, serviront à déterminer ce que
l'intégration pourra avoir laissé d'arbitraire. On connaîtra alors, à
chaque instant, l'abscisse $x + u$ de chaque tranche élémentaire; et
l'on obtiendra par la différentiation la vitesse $\frac{du}{dt}$ de cette tranche, et
sa tension qui sera donnée par la relation

$$T = E\frac{du}{dx}$$

La solution analytique de la question sera dès-lors complète, et
il restera à discuter les valeurs obtenues pour compléter cette solution sous le point de vue mécanique.

## § Ier.

**3.** Nous nous occuperons d'abord du cas où la force F, et par
suite l'accélération X, sont nulles pour tous les éléments de la verge.
Cette hypothèse répond au cas des verges horizontales, qui ne sont
soumises à aucune force extérieure, lorsqu'on néglige toutefois la
flexion qu'elles peuvent subir, et qui n'est rigoureusement nulle
que pour les verges horizontales entièrement libres, cas idéal.

L'équation (2) devient, dans ce cas,

$$(3) \qquad \frac{d^2u}{dt^2} = a^2\frac{d^2u}{dx^2}.$$

Si l'on suppose la verge encastrée à l'une de ses extrémités, celle
qui a été prise pour origine par exemple, et libre à l'autre extrémité (ce cas étant celui qui offre le plus d'intérêt), les conditions
particulières aux extrémités seront, que l'on ait $u=0$ pour $x=0$,

quel que soit $t$, et $\frac{du}{dx} = 0$ pour $x = l$, puisqu'à l'extrémité libre la tension est constamment nulle.

Par une méthode trop connue pour que nous l'exposions ici, on trouve que la valeur générale de $u$ qui satisfait à l'équation (3), et à ces conditions est

$$(4) \begin{cases} u = \dfrac{4}{a\pi} \sum \left[ \dfrac{1}{2i+1} \displaystyle\int_0^l v_0 \sin \dfrac{(2i+1)\pi x}{2l} \, dx \right] \sin \dfrac{(2i+1)\pi x}{2l} \sin \dfrac{(2i+1)\pi at}{2l} \\[3mm] \quad + \dfrac{2}{l} \sum \left[ \displaystyle\int_0^l u_0 \sin \dfrac{(2i+1)\pi x}{2l} \, dx \right] \sin \dfrac{(2i+1)\pi x}{2l} \cos \dfrac{(2i+1)\pi at}{2l}, \end{cases}$$

$u_0$ étant une fonction de $x$ qui exprime la valeur initiale de $u$, $v_0$ une autre fonction de $x$, qui exprime la valeur initiale de la vitesse $\frac{du}{dt}$; et les sommes $\sum$ s'étendant à toutes les valeurs entières et positives du nombre $i$, depuis o jusqu'à l'infini.

De cette valeur générale de $u$, on tirerait celle de $\frac{du}{dt}$, et celle de $\frac{du}{dx}$, qui, multipliée par E, exprimerait celle de la tension T.

On reconnaît à la forme de la valeur de $u$, que l'état de la verge redevient le même toutes les fois que le temps augmente de $\frac{4l}{a}$; le mouvement de la verge se compose donc de périodes identiques, qui se reproduisent indéfiniment, et dont la durée constante est $\frac{4l}{a}$. Si l'on nomme N le nombre de ces vibrations exécutées dans une seconde, on aura

$$N = \frac{a}{4l} = \frac{1}{4} \sqrt{\frac{gE}{pl}}.$$

Ce nombre de vibrations par seconde correspond au son fondamental de la verge: c'est le plus grave qu'elle puisse rendre.

4. Si, dans l'expression générale de $u$, on donne à $i$ une valeur particulière, et qu'on efface les signes $\sum$, ce qui revient à ne prendre qu'un terme de la série qui forme cette valeur générale, on obtient une intégrale particulière de l'équation différentielle.

Cette intégrale particulière satisfait, comme on peut s'en convaincre, aux conditions relatives aux extrémités de la verge; mais elle répond à un état initial particulier, celui dans lequel on a

$$(5) \qquad u_0 = U_0 \sin \frac{(2i + 1)\pi x}{2l}, \quad \text{et} \quad v_0 = V_0 \sin \frac{(2i + 1)\pi x}{2l},$$

$U_0$ et $V_0$ étant des constantes qui expriment les valeurs de $u_0$ et de $v_0$ pour l'extrémité libre, ou $x = l$.

En remplaçant, pour plus de simplicité, les coefficients constants de l'équation (4), par A et B, on pourra l'écrire, dans l'hypothèse actuelle :

$$(6) \qquad u = \sin \frac{(2i + 1)\pi x}{2l} \left[ A \sin \frac{(2i + 1)\pi at}{2l} + B \cos \frac{(2i + 1)\pi at}{2l} \right].$$

Ici, l'état de la verge redevient le même toutes les fois que le temps augmente de $\frac{4l}{a(2i + 1)}$; et le nombre des vibrations par seconde est $N(2i + 1)$, en sorte que le son rendu par la verge est alors plus aigu, dans le rapport de $2i + 1$ à $1$.

Les valeurs de $u$, $v$, $T$, redeviennent aussi les mêmes quand on suppose que $x$ augmente de $\frac{4l}{2i + 1}$; en sorte qu'à un instant quelconque, la verge se trouve divisée en parties de même longueur, à l'exception de la dernière, et parfaitement identiques sous tous les rapports.

Si l'on fait $x = \frac{2kl}{2i + 1}$, $k$ étant un nombre entier, on trouve $v = 0$, quel que soit $t$; ainsi les points correspondants à ces abscisses conservent un repos absolu. On nomme ces points des *nœuds* de vibration. Ces points sont en même temps ceux où la tension est un maximum; mais, en passant de l'un à l'autre, cette tension maximum change de signe, en sorte qu'aux différents nœuds successifs, il y a alternativement dilatation et compression.

Si l'on fait $x = \frac{(2k + 1)l}{2i + 1}$, on trouve $T = 0$, quel que soit $t$. Pour ces points, situés, comme on le voit, dans les intervalles des nœuds et à égale distance de deux nœuds consécutifs, la tension est constamment nulle; ces points sont ce que l'on nomme des *ventres*. Ces points sont en même temps ceux où la vitesse est un maximum, mais cette vitesse change de signe en passant d'un ventre à l'autre.

Il est facile de constater que l'extrémité fixe de la verge est toujours un nœud, et l'extrémité libre toujours un ventre.

Le cas que nous examinons offre encore une circonstance remarquable : c'est que la vitesse devient nulle à la fois en tous les points de la verge pour les valeurs de $t$ données par la formule

$$\tan \frac{(2i+1)\pi at}{2l} = \frac{A}{B},$$

valeurs qui se succèdent à des intervalles égaux à $\frac{4l}{a(2i+1)}$. Ces instants sont ceux où le déplacement $u$ atteint sa plus grande valeur dans un sens ou dans l'autre; ce sont encore ceux où les tensions atteignent leur plus grande valeur, relativement au temps.

Le déplacement $u$ et la tension T deviennent au contraire nuls à la fois pour tous les points de la verge, quand la valeur de $t$ satisfait à l'équation

$$\tan \frac{(2i+1)\pi at}{2l} = -\frac{A}{B}.$$

Pour ces nouveaux instants, distants des premiers de $\frac{2l}{a(2i+1)}$, la vitesse est parvenue à son maximum, relatif au temps.

5. Il paraît naturel de se demander si quelques-unes des circonstances que nous venons de remarquer se reproduisent dans le cas général, et de rechercher, par exemple, si l'existence des nœuds est compatible avec un autre état initial que celui qui est représenté par les équations (5).

En remplaçant $2i+1$ par $n$, la valeur générale de $u$ pourra s'écrire

$$u = \sum A \sin \frac{n\pi x}{2l} \sin \frac{n\pi at}{2l} + \sum B \sin \frac{n\pi x}{2l} \cos \frac{n\pi at}{2l}.$$

Quel que soit le point de la verge où l'on suppose qu'il y ait un nœud, son abscisse pourra toujours être représentée, soit exactement, soit avec tel degré d'approximation qu'on voudra, par l'expression $\frac{\alpha}{\beta} \cdot 2l$, dans laquelle $\frac{\alpha}{\beta}$ est une fraction de dénominateur impair. Si l'on fait $x$ égal à cette valeur dans l'équation ci-dessus, il faudra, pour que la valeur correspondante de la vitesse soit nulle quel que soit $t$, que l'arc qui est fonction de $x$ devienne égal à un nombre entier de demi-circonférences, ce qui exige que $n$ contienne $\beta$ comme facteur, puisque $\alpha$ et $\beta$ peuvent toujours être supposés premiers entre eux. Et comme $n$ doit être impair, il faudra qu'il soit de la forme

$$n = \beta(2i + 1).$$

Mais alors la vitesse sera nulle, quel que soit $t$, lorsqu'on fera $x$ égal à un multiple quelconque de $\frac{2l}{\beta}$, en sorte que s'il existe un nœud au point pour lequel $x = \frac{\alpha}{\beta} \cdot 2l$, il en existera une série d'autres, équidistants.

Si, maintenant on pose $l = \beta l'$, il en résulte

$$u = \sum A \sin \frac{(2i+1)\pi x}{2l'} \sin \frac{(2i+1)\pi a t}{2l'} + \sum B \sin \frac{(2i+1)\pi x}{2l'} \cos \frac{(2i+1)\pi a t}{2l'},$$

expression qui passe par les mêmes valeurs, lorsqu'on fait varier $x$ de o à $4l'$, de $4l'$ à $8l'$, et en général de $4nl'$ à $4(n+1)l'$. La verge se divisera donc en parties égales, de longueur $4l'$ ou $\frac{4l}{\beta}$, qui oscilleront d'une manière identique. Il n'y aura d'exception que pour la dernière subdivision, dont la longueur sera $\frac{l[\beta - 4(n+1)]}{\beta}$, si $4(n+1)$ est le plus grand multiple de 4 contenu dans le nombre impair $\beta$.

Faisons $t = o$ dans l'expression de $u$; nous obtiendrons

$$u_0 = \sum B \sin \frac{(2i+1)\pi x}{2l'};$$

et l'on sait qu'entre les limites o et $l'$, cette série peut représenter une fonction quelconque de $x$. Elle représentera d'ailleurs, entre les limites $l'$ et $2l'$, $2l'$ et $3l'$, etc., des fonctions qui ne différeront de la première, qu'en ce que les valeurs de $u_0$ s'y succéderont dans un ordre inverse, ou seront affectées de signes contraires; et, au-delà de $x = 4l'$, ces fonctions se reproduiront dans le même ordre.

On parviendrait à des conclusions analogues à l'égard de la vitesse initiale. Telles sont donc les conditions nécessaires et suffisantes pour qu'il se trouve un nœud de vibration au point dont l'abscisse est $\frac{a}{\beta} \cdot 2l$, et par suite à tous ceux dont les abscisses sont

$$\frac{2l}{\beta}, \quad \frac{4l}{\beta}, \quad \frac{6l}{\beta}, \dots \frac{2nl}{\beta}.$$

Les valeurs de $u_0$ et $v_0$ qui expriment ces conditions donnent, comme cas particulier, l'état initial que représentent les équations (5).

6. On reconnaît sur un exemple très simple que la formation des nœuds n'est pas toujours possible. Supposons que la verge ait été d'abord uniformément tendue, et abandonnée ensuite à elle-même sans vitesse initiale; le déplacement initial de chaque élément sera proportionnel à l'abscisse de cet élément; en sorte que, si $U_0$ est le déplacement de l'extrémité libre, on aura

$$u_0 = \frac{U_0 x}{l} \quad \text{et} \quad v_0 = 0,$$

et, par suite,

$$u = \frac{8 U_0}{\pi^2} \sum \frac{(-1)^i}{(2i+1)^2} \sin \frac{(2i+1)\pi x}{2l} \cos \frac{(2i+1)\pi at}{2l}.$$

On reconnaît ici que la vitesse, qui est nulle à l'origine du temps, redevient nulle en tous les points de la verge au bout des temps $\frac{2l}{a}, \frac{4l}{a}, \frac{6l}{a}$, etc. Les déplacements correspondants à ces temps sont égaux, mais alternativement de signe contraire.

Ces déplacements deviennent au contraire nuls au bout des temps $\frac{l}{a}, \frac{3l}{a}, \frac{5l}{a}$, etc. Les vitesses correspondantes à ces temps sont égales et alternativement de signe contraire.

Il est facile de conclure de là que tous les éléments de la verge exécutent, autour de leur position naturelle, des mouvements oscillatoires qui ont une direction et une durée communes. Aucun des points de la verge, à l'exception de l'extrémité fixe, ne reste donc rigoureusement en repos, et ne saurait être un nœud de vibration dans le sens absolu du mot.

7. Pour expliquer maintenant comment la verge peut être amenée de son état naturel, qui est le repos absolu, sans tension, à l'état initial nécessaire à la formation des nœuds, il paraît indispensable d'admettre une série d'ébranlements successifs d'une certaine nature, en un même point de la verge, et d'avoir égard non-seulement à la propagation de ces ébranlements dans toute la longueur de la verge, mais encore à leur réflexion aux extrémités.

On fait voir d'abord facilement que, si la verge est ébranlée dans une certaine étendue, cet ébranlement se propage dans les deux sens avec une vitesse constante.

Pour cela, on remarque que l'expression générale de $u$ peut, à l'aide de formules trigonométriques connues, être mise sous la forme

$$(7) \quad \begin{cases} u = \frac{1}{2} \sum [A \cos n (x - at) + B \sin n (x - at)] \\ \quad - \frac{1}{2} \sum [A \cos n (x + at) - B \sin n (x + at)], \end{cases}$$

ou, pour abréger,

$$(8) \qquad u = \phi (x - at) - \psi (x + at).$$

Supposons que l'ébranlement primitif ait eu lieu entre les abscisses $\lambda'$ et $\lambda''$. Les fonctions $\phi$ et $\psi$, qui pour $t = 0$ se réduisent à $\phi(x)$ et $\psi(x)$, pourront être données arbitrairement et indépendamment l'une de l'autre entre les limites $\lambda'$ et $\lambda''$, mais devront s'anéantir au-delà; il faudra donc aussi que les fonctions $\phi(x - at)$ et $\psi(x + at)$ s'annullent d'elles-mêmes lorsque $x - at$ ou $x + at$ sortiront de ces mêmes limites.

Cela posé, au lieu de regarder $x$ et $t$ comme des variables entièrement indépendantes, considérons en particulier les valeurs de ces variables qui satisfont à la relation $x - at = \lambda$, ou $x = \lambda + at$, la constante λ étant comprise entre λ′ et λ″. Pour ces valeurs, la fonction φ restera constante, et la fonction ψ deviendra nulle dès que λ′ + at deviendra supérieur ou seulement égal à λ″ — at, c'est-à-dire au bout du temps

$$t = \frac{\lambda'' - \lambda'}{2a}.$$

Au-delà de ce temps, $u$ conservant la même valeur, on en conclut sans peine que l'ébranlement initial se propage avec une vitesse constante $a$, du lieu primitif de l'ébranlement vers l'extrémité libre de la verge.

En considérant les valeurs de $x$ et de $t$ qui satisfont à la relation $x + at = \lambda$ ou $x = \lambda - at$, on reconnaîtrait de même que l'ébranlement initial se transporte avec la même vitesse du côté de l'extrémité fixe.

8. Passons aux lois de la réflexion, et supposons, pour plus de simplicité, que l'ébranlement primitif ait lieu à l'extrémité libre de la verge, ce qui est le cas le plus facile à réaliser, et entre les abscisses $l$ et $\lambda$. Les fonctions φ et ψ n'auront de valeur qu'autant que les quantités $x - at$ et $x + at$ seront comprises entre ces limites.

Supposons d'abord $x + at$ constant, et tel que pour $t = 0$ on ait $x = l - \varepsilon$, cette quantité étant comprise entre $l$ et $\lambda$; c'est-à-dire posons $x + at = l - \varepsilon$. On tire de là $x - at = l - \varepsilon - 2at$, quantité qui deviendra moindre que $\lambda$, dès que l'on aura.... $2at > l - (\lambda + \varepsilon)$. Au-delà du temps correspondant, la fonction φ deviendra donc nulle, et la fonction ψ sera constante. En nommant $u_1$ la valeur de $u$ particulière à ce cas, on aura ainsi

$$u_1 = -\psi(l - \varepsilon).$$

Il y aura donc propagation de l'ébranlement primitif vers l'extrémité fixe de la verge avec la vitesse $a$; et, au bout du temps donné par $at = l$, l'onde sera entièrement parvenue à cette extrémité.

À partir de ce temps, supposons $x - at$ constant, et tel que pour $at = l$ on ait $x = \varepsilon$; c'est-à-dire posons $x - at = \varepsilon - l$. On tire de là $x + at = 2at + \varepsilon - l$, quantité qui deviendra supérieure à $l$ dès qu'on aura $2at > l - \varepsilon$. De $at = l$ à $at = 2l$, la fonction $\psi$ sera donc nulle, et la fonction $\varphi$ sera constante. En nommant $u_2$ la valeur de $u$ particulière à ce cas, on aura $u_2 = \varphi(\varepsilon - l)$, valeur qui revient à

$$u_2 = - \varphi(l + \varepsilon),$$

d'après la nature de la fonction $\varphi$; car cette transformation revient à augmenter les arcs d'un nombre impair de demi-circonférences, ce qui ne fait que changer le signe de la fonction.

Si l'on compare $u_1$ et $u_2$, en se rappelant que le coefficient $n$ qui entre dans l'expression (8) est égal à $\frac{(2i + 1)\pi}{2l}$, on reconnaîtra que ces valeurs de $u$ sont identiques. Il est facile de se convaincre qu'il en est de même des valeurs correspondantes de la vitesse $v$ et de la tension $T$. Il s'opère donc véritablement une réflexion de l'onde à l'extrémité fixe de la verge, et l'onde réfléchie est identiquement de même nature que l'onde directe. Au bout du temps qui répond à $at = 2l$, l'onde réfléchie sera entièrement parvenue à l'extrémité libre de la verge.

A partir de ce temps, supposons $x + at$ constant, et tel que pour $at = 2l$, on ait $x = l - \varepsilon$; c'est-à-dire posons $x + at = 3l - \varepsilon$. On tire de là $x - at = 3l - \varepsilon - 2at$: cette quantité deviendra inférieure à $\lambda$ dès qu'on aura $2at > 2l + l - (\lambda + \varepsilon)$; au-delà du temps correspondant, la fonction $\varphi$ redeviendra donc nulle et la fonction $\psi$ constante. En nommant $u_3$ la nouvelle valeur de $u$, on aura $u_3 = - \psi(3l - \varepsilon)$, quantité qui revient à

$$u_3 = + \psi(l - \varepsilon),$$

d'après la nature de la fonction $\psi$.

Il y aura donc encore propagation, avec la vitesse $a$, vers l'extrémité fixe de la verge; mais l'onde réfléchie à l'extrémité libre ne sera pas de même nature que l'onde directe, puisqu'on a $u_3 = - u_1$.

Si l'on calcule directement les valeurs correspondantes de la tension, on reconnaît qu'elles sont aussi égales et de signe contraire. Les deux ondes sont donc de nature opposée, c'est-à-dire que les dilatations y sont remplacées par des condensations, *et vice versa.*

9. Ces lois de la réflexion étant établies, concevons que la verge reçoive, à son extrémité libre, un ébranlement dont l'étendue soit infiniment petite; pour fixer les idées, admettons que ce soit une condensation. Supposons maintenant qu'au bout d'un temps $\theta$, le même élément éprouve une dilatation précisément égale à la condensation primitive; puis, au bout du temps $2\theta$, une nouvelle condensation égale à la première; puis, au bout du temps $3\theta$, une nouvelle dilatation; et ainsi de suite. Il se formera une série d'ondes élémentaires équidistantes, alternativement condensées et dilatées, qui se propageront le long de la verge, et se réfléchiront successivement à ses extrémités, d'après les lois que nous venons de constater.

Toutes les fois qu'une onde directe dilatée rencontrera une onde condensée réfléchie une première fois, la tension sera nulle au point de rencontre, puisque les tensions des deux ondes sont égales et de nature contraire. Or, le temps écoulé entre les départs de ces deux ondes se compose nécessairement d'un nombre impair de fois, $\theta$, et peut être représenté par $(2i + 1)\theta$. Si $x$ désigne l'abscisse du point de rencontre, $l + x$ sera le chemin parcouru par l'onde réfléchie, et $l - x$ celui parcouru par l'onde directe; et comme leur vitesse commune est $a$, la différence des chemins parcourus devra être égale à $a$ multiplié par $(2i + 1)\theta$, ce qui donnera

$$x = \frac{(2i + 1)a\theta}{2}.$$

Toutes les fois qu'une onde condensée, une fois réfléchie, rencontrera une onde de même nature deux fois réfléchie, et qui par conséquent sera devenue de nature contraire, la tension sera encore nulle au point de rencontre. Or, le temps écoulé entre les départs de ces deux ondes se compose évidemment d'un nombre pair de fois $\theta$, et peut être représenté par $2n\theta$. Si $x'$ désigne l'abscisse du point de rencontre, $l + x'$ sera le chemin parcouru par l'onde une fois réfléchie, et $3l - x'$ celui qu'aura parcouru l'onde deux fois réfléchie. La différence de ces deux chemins devant être égale à $2n\theta.a$, il en résultera

$$x' = l - na\theta.$$

S'il arrive que les points représentés par ces deux séries soient les mêmes, on aura

$$\frac{(2i + 1)a\theta}{2} = l - na\theta, \quad \text{d'où} \quad \theta = \frac{2l}{(2i + 1 + 2n)a} = \frac{2l}{(2i' + 1)a},$$

c'est-à-dire que le temps $\theta$ sera un sous-multiple impair de la durée d'une demi-oscillation de la verge, lorsqu'elle donne le son fondamental.

Cette condition étant remplie, on reconnaît sans peine que si deux ondes de nature quelconque se rencontrent après un nombre déterminé de réflexions, de telle sorte que la tension soit nulle au point de rencontre, ce point sera compris dans la série de ceux que nous venons de considérer. En effet, deux ondes venant à se rencontrer ainsi, on ne changera rien à leur nature ni aux conséquences de leur rencontre en diminuant de $2l$ le chemin parcouru par l'une d'elles ou par toutes deux; or, en opérant cette diminution pour chaque onde, autant de fois que cela sera possible, on les ramènera toujours à l'un des deux cas dont il vient d'être question ci-dessus.

Aux points dont nous parlons, la tension sera donc toujours nulle; et l'on reconnaît que l'extrémité libre de la verge est comprise dans la série de ces points, comme on devait s'y attendre.

Cherchons maintenant quels sont les points où la rencontre de deux ondes produira une vitesse nulle. S'il s'agit de la rencontre d'une onde directe avec une onde réfléchie une fois, pour que la vitesse soit nulle au point de rencontre, il faudra que ces deux ondes soient de même nature; le temps écoulé entre leurs départs pourra donc être représenté par $2n\theta$; et, en nommant $x$ l'abscisse

3

du point de rencontre, on devra avoir

$$(l+x)-(l-x)=2na\theta, \quad \text{d'où} \quad x=na\theta=\frac{n\cdot2l}{2i'+1}.$$

S'il s'agit de la rencontre d'une onde une fois réfléchie avec une onde réfléchie deux fois, il faudra qu'elles soient de nature contraire; le temps écoulé entre leurs départs sera exprimé par $(2n+1)\theta$; et en nommant $x'$ l'abscisse du point de rencontre, on devra avoir

$$(3l-x')-(l+x')=(2n+1)a\theta, \quad \text{d'où} \quad x'=l-\frac{(2n+1)a\theta}{2},$$

ou, en mettant pour $\theta$ sa valeur,

$$x'=\frac{l[(2i'+1)-(2n+1)]}{2i'+1}=\frac{(i'-n)\cdot2l}{2i'+1},$$

expression qui rentre dans celle de $x$.

On ferait voir comme ci-dessus, que si deux ondes se rencontrent après un nombre déterminé de réflexions, de telle sorte que la vitesse soit nulle au point de rencontre, ce point sera l'un de ceux que comprend l'expression ci-dessus.

Ces points resteront donc en repos, et leur série comprend l'extrémité fixe de la verge.

10. Au lieu d'une série discontinue d'ébranlements infiniment petits se succédant à des intervalles égaux à $\theta$, on peut concevoir que, pendant une première période, dont la durée sera $\theta$, la verge reçoive à son extrémité libre une suite continue d'ébranlements infiniment petits, se succédant d'après une loi quelconque; que, pendant une seconde période égale à la première, elle reçoive une nouvelle suite continue d'ébranlements de nature contraire, se succédant d'après une loi semblable; et qu'à partir du temps $2\theta$, ces périodes d'ébranlements inverses se reproduisent un certain nombre de fois dans le même ordre. Tout ce que nous avons dit de deux ondes élémentaires s'appliquera aux éléments correspondants des ondes plus complexes qui se produiront. La tension sera

encore nulle en tous les points compris dans la formule

$$x = \frac{(2n+1)\,l}{2i+1};$$

et la vitesse restera nulle en tous ceux dont l'abscisse a pour expression

$$x = \frac{2nl}{2i+1}.$$

Ces derniers points seront des *nœuds*, et les premiers seront des *ventres*.

Au bout du temps $\frac{2l}{a}$, égal à $(2i+1)\,\theta$, la première onde réfléchie sera parvenue à l'extrémité libre de la verge; et là, changeant de nature, pour revenir vers l'extrémité libre, se confondra avec l'onde directe partant au même instant, laquelle sera de même nature, puisque le temps écoulé depuis le départ de la première se composera d'un nombre impair de fois $\theta$. Il n'est donc pas nécessaire, pour la production complète du phénomène que nous étudions, que les ébranlements directs se prolongent au-delà du temps $\frac{2l}{a}$.

Si l'on considère l'état de la verge à cet instant, on reconnaîtra qu'elle se trouve divisée, à partir de l'extrémité fixe, en parties de longueur égale à $\frac{2l}{2i+1}$, à l'exception de la dernière, dans lesquelles les déplacements des éléments, leurs vitesses, leurs tensions, résultant de la superposition de deux ondes, seront disposés d'une manière symétrique par rapport aux nœuds et aux ventres. La verge sera donc alors dans l'état indiqué plus haut comme condition indispensable de la formation des nœuds.

Il est à remarquer que, pour amener la verge à l'état dont nous parlons, il suffirait des ébranlements d'ordre impair, c'est-à-dire de ceux de même nature, séparés les uns des autres par des intervalles de temps égaux à $\theta$; mais il faudrait alors qu'ils fussent continués au moins pendant le temps $\frac{4l}{a}$, afin que la superposition des ondes deux fois réfléchies avec les ondes réfléchies trois fois ait eu lieu dans toute la longueur de la verge.

C'est à ce mode d'ébranlement que semble devoir se rapporter l'action de l'archet, lorsqu'on le fait glisser perpendiculairement à l'extrémité d'une verge élastique. Ses aspérités exercent sur la verge, indépendamment d'une flexion transversale dont nous faisons abstraction ici, des pressions longitudinales; ces pressions se succèdent à des intervalles très rapprochés, eu égard à nos moyens de mesurer le temps, mais qui peuvent ne pas l'être par rapport à la vitesse $a$ de la propagation des ondes. Si ces ébranlements sont sensiblement identiques, se reproduisent à des intervalles sensiblement égaux à leur propre durée, et qu'enfin chacun de ces intervalles de temps soit un sous-multiple impair de $\frac{2l}{a}$, il y aura formation de nœuds, et par suite, comme nous l'avons vu, production d'un son plus élevé que le son fondamental.

**11.** Pour terminer ce que nous avons à dire sur les verges horizontales encastrées à l'une de leurs extrémités, il nous reste à calculer, pour une valeur quelconque de $t$, le travail moléculaire développé dans le mouvement vibratoire.

La valeur générale de la vitesse, déduite de l'expression générale de $u$, est

$$(9) \qquad v = a \sum n \sin nx \, (\text{A} \cos nat - \text{B} \sin nat),$$

A, B, $n$, ayant la même signification que dans l'équation (8). Élevons les deux membres au carré, multiplions par la masse $\frac{pdx}{gl}$ de l'élément dont la vitesse est $v$, et intégrons depuis zéro jusqu'à $l$; nous aurons la somme des forces vives correspondante au temps $t$. En effectuant le calcul, on obtient deux sortes de termes : les uns, provenant des carrés des termes du second membre de (9), dépendent de l'intégrale $\int_{0}^{l} \sin^2 nx \, dx$, qui est égale à $\frac{l}{2}$; les autres, provenant des doubles produits des mêmes termes, dépendent de l'intégrale $\int_{0}^{l} \sin nx \, \sin n'x \, dx$, qui est nulle, quand $n$ et $n'$ sont différents, comme on doit le supposer. A l'aide de ces remarques, si l'on nomme Z la somme des forces vives correspondante au temps $t$, on trouvera

$$(10) \qquad Z = \frac{a^2 p}{2g} \sum n^2 \, (\text{A} \cos nat - \text{B} \sin nat)^2 \, ;$$

et, pour obtenir l'expression du travail moléculaire, il faudra prendre la moitié de cette quantité, et en retrancher la moitié de ce qu'elle devient pour $t = 0$, c'est-à-dire

$$\frac{a^2 p}{4g} \sum n^2 \text{A}^2.$$

La quantité Z redevient la même toutes les fois que le temps augmente de $\frac{2l}{a}$. Aux instants compris dans la formule $t = \frac{2kl}{a}$, on a $Z = \frac{a^2 p}{2g} \sum n^2 \text{A}^2$, quantité indépendante de B, et par conséquent du déplacement initial $u_0$. A ces mêmes instants, le travail moléculaire total est nul.

Aux instants compris dans la formule $t = \frac{(2k+1)l}{a}$, on a ....
$Z = \frac{a^2 p}{2g} \sum n^2 \text{B}^2$, quantité indépendante de A, et par conséquent de la vitesse initiale $v_0$. A ces mêmes instants, le travail moléculaire a pour valeur

$$\frac{a^2 p}{4g} \sum n^2 \, (\text{B}^2 - \text{A}^2).$$

Dans l'hypothèse particulière du n° 4, où la valeur de $u$, et par suite celle de $v$, se borne à un seul terme de la série comprise sous le signe $\sum$, les remarques précédentes subsistent; et l'on reconnaît de plus que Z atteint sa valeur maximum toutes les fois que $t$ satisfait à la relation

$$t = \frac{2l}{(2i+1)a\pi} \cdot \text{arc} \left( \text{tang} = -\frac{\text{B}}{\text{A}} \right),$$

laquelle donne pour $t$ des valeurs en progression arithmétique dont la raison est $\frac{2l}{(2i+1)a}$, ou la durée d'une demi-oscillation.

Le maximum de Z est d'ailleurs

$$Z = \frac{a^2 p (2i+1)^2 \pi^2}{8 l^2 g} (A^2 + B^2).$$

Dans l'hypothèse particulière du n° 6, où la verge, d'abord uniformément tendue, est ensuite abandonnée à elle-même sans vitesse initiale, on a $A = o$, et l'intégration donne

$$B = \frac{8 U_0}{\pi^2} \cdot \frac{(-1)^i}{(2i+1)^2},$$

et par suite, l'équation (10) donne

$$Z = \frac{8 U_0^2 E}{\pi^2 l} \sum \frac{\sin^2 \frac{(2i+1)\pi a t}{2l}}{(2i+1)^2}.$$

Or on démontre qu'en général, entre les limites o et $\frac{\pi}{2}$, on a

$$\sum \frac{\sin^2 (2i+1) z}{(2i+1)^2} = \frac{\pi z}{4}.$$

Si l'on fait $z = \frac{\pi a t}{2l}$, on aura donc, entre les limites o et $\frac{l}{a}$,

$$Z = \frac{U_0^2 E a}{l^2} t.$$

Dans ces limites, la somme des forces vives est donc proportionnelle au temps; et comme la valeur de Z est la même, pour deux instants également éloignés de $t = \frac{l}{a}$, ainsi que l'on peut s'en convaincre sur l'équation (10) en y faisant $A = o$, il en résulte qu'à cet instant la valeur de Z est un maximum. On trouve pour ce maximum,

$$Z = \frac{U_0^2 E}{l}.$$

Or, si l'on désigne par $T_0$ la tension initiale de la verge, on aura

$$T_0 = \frac{U_0 E}{l}, \quad \text{et par conséquent} \quad Z = U_0 T_0.$$

Le travail moléculaire maximum a donc pour valeur $\frac{1}{2} U_0 T_0$, ou la moitié du produit de l'allongement primitif par la tension initiale, résultat auquel on peut parvenir directement sans la considération des forces vives. En effet, la valeur de $u$ du n° **6** devient nulle pour $t = \dfrac{l}{a}$; à cet instant la verge est donc ramenée à son état naturel, et le travail moléculaire est évidemment le même que celui qu'il faut vaincre pour amener la verge de son état naturel à l'allongement total $U_0$. Or, en nommant $U$ un allongement total quelconque, et $T$ la force correspondante appliquée à l'extrémité de la verge, laquelle force sera égale à $\dfrac{T_0 U}{U_0}$, le travail nécessaire pour produire l'allongement $U_0$ sera exprimé par l'intégrale,

$$\int_0^{U_0} T \, dU = \int_0^{U_0} \frac{T_0 U}{U_0} \, dU = \tfrac{1}{2} U_0 T_0,$$

même expression que ci-dessus:

## § II.

**12.** Nous allons maintenant nous occuper du cas où la force $F$, qui agit sur un élément quelconque de la verge, dans le sens de sa longueur, n'est pas nulle, mais constante pendant le mouvement; et, pour mieux fixer les idées, nous supposerons qu'il s'agisse d'une barre verticale, fixée à son extrémité supérieure. La force $F$ sera dans ce cas le poids même de l'élément considéré; l'accélération $X$ sera donc $g = 9^m,8088$, et l'équation différentielle du problème deviendra

$$(11) \qquad \frac{d^2 u}{dt^2} = g + a^2 \frac{d^2 u}{dx^2}.$$

L'équation

$$u = A \sin mx \sin mat + B \sin mx \cos mat + C \cos mx \sin mat + D \cos mx \cos mat$$

étant une intégrale particulière de l'équation différentielle

$$\frac{d^2 u}{dt^2} = a^2 \frac{d^2 u}{dx^2},$$

on reconnaît qu'en ajoutant au second membre un trinome du second degré en $x$ ou en $t$ dont le terme en $x^2$ ou $t^2$ ait un coefficient convenable, on aura une intégrale particulière de l'équation (11); et comme la barre est fixe à l'une de ses extrémités, que l'on suppose toujours prise pour origine des coordonnées, en sorte que pour $x = 0$ on doit avoir $u = 0$, quel que soit $t$; c'est un binome du second degré, de la forme $kx - \frac{gx^2}{2a^2}$, qu'il faut prendre; et l'intégrale particulière sera

$$u = kx - \frac{gx^2}{2a^2} + A \sin mx \sin mat + B \sin mx \cos mat,$$

et l'on aura pour intégrale complète

$$(12) \quad u = kx - \frac{gx^2}{2a^2} + \sum A \sin mx \sin mat + \sum B \sin mx \cos mat,$$

équation dans laquelle les constantes $k$, $m$, A, B devront être déterminées d'après les conditions relatives à l'extrémité inférieure et à l'état initial de la barre.

**13.** Nous supposerons d'abord que l'extrémité inférieure soit entièrement libre. La tension en ce point devant être nulle quel que soit $t$, il en résulte les deux conditions

$$k - \frac{gl}{a^2} = 0 \quad \text{et} \quad \cos ml = 0,$$

d'où

$$k = \frac{gl}{a^2} \quad \text{et} \quad m = \frac{(2i + 1)\pi}{2l};$$

en remplaçant $a$ hors des signes $\sum$, par sa valeur, on aura donc

$$(13) \quad \left\{ \begin{aligned} u &= \frac{px}{E} - \frac{px^2}{2lE} + \sum A \sin \frac{(2i+1)\pi x}{2l} \sin \frac{(2i+1)\pi at}{2l} \\ &\quad + \sum B \sin \frac{(2i+1)\pi x}{2l} \cos \frac{(2i+1)\pi at}{2l}. \end{aligned} \right.$$

Les valeurs des coefficients A et B, déterminées par la méthode ordinaire, seront

$$A = \frac{4}{a\pi} \cdot \frac{1}{2i+1} \int_0^l v_0 \sin \frac{(2i+1)\pi x}{2l} \, dx,$$

$$B = \frac{2}{l} \left[ \int_0^l u_0 \sin \frac{(2i+1)\pi x}{2l} \, dx - \frac{p}{lE} \cdot \frac{8l^3}{(2i+1)^3 \pi^3} \right];$$

il resterait à les substituer dans (13).

On voit, à l'inspection de cette équation, que l'état de la barre redevient le même toutes les fois que le temps augmente de $\frac{4l}{a}$; le mouvement de la barre se compose donc d'une série de vibrations isochrones, et le son fondamental est le même que si la barre était horizontale.

On reconnaîtrait aussi, par des considérations analogues à celles du n° 5, que, sous certaines conditions initiales, il peut se former des nœuds de vibration, aux points qui ont pour abscisses

$$\frac{2l}{2i+1}, \quad \frac{4l}{2i+1}, \quad \frac{6l}{2i+1}, \text{ etc.;}$$

mais que les divisions de la barre, quoique égales en longueur (à l'exception de la dernière), n'offriraient pas, comme cela a lieu pour les verges horizontales, une parfaite identité. On verrait, par exemple, que pour deux points dont les abscisses diffèrent de $\frac{4l}{2i+1}$, la vitesse est constamment la même, tandis que le déplacement $u$ serait plus grand, et la tension T algébriquement moindre pour celui de ces deux points qui serait le plus bas.

**14.** Dans le cas particulier où les fonctions $u_0$ et $v_0$ sont nulles, c'est-à-dire où la barre est simplement suspendue sans ébranlement initial, on a

$$(14) \quad u = \frac{px}{E} - \frac{px^2}{2lE} - \frac{16pl}{\pi^3 E} \sum \frac{1}{(2i+1)^3} \sin \frac{(2i+1)\pi x}{2l} \cos \frac{(2i+1)\pi at}{2l}.$$

Pour $t = 0$, si l'on observe que l'on a en général

$$\sum \frac{\sin(2i+1)z}{(2i+1)^3} = \frac{\pi}{8}(\pi - z)z \quad \text{et} \quad \sum \frac{\cos(2i+1)z}{(2i+1)^2} = \frac{\pi}{8}(\pi - 2z)$$

entre les limites $0$ et $\pi$ pour la première formule, et $0$ et $\frac{\pi}{2}$ pour la

4

seconde, en sorte qu'en faisant $z = \frac{\pi x}{2l}$, ces formules seront applicables de $x = 0$ à $x = l$, on trouvera

$$u = 0, \quad v = 0, \quad T = 0.$$

Pour $t = \frac{l}{a}$, en ayant égard à la formule

$$\sum \frac{(-1)^i \sin (2i + 1) z}{(2i + 1)^2} = \frac{\pi z}{4},$$

qui a lieu de $z = 0$ à $z = \frac{\pi}{2}$, on trouvera

$$u = \frac{px}{E} - \frac{px^2}{2lE}, \quad v = \frac{pax}{lE}, \quad T = p - \frac{px}{l}.$$

Si l'on fait $x = l$, on obtient $U = \frac{pl}{2E}$; en sorte que la tension nécessaire pour produire cet allongement serait $\frac{p}{2}$, ou la moitié du poids de la barre.

La vitesse $v$ est proportionnelle à $x$, et la tension $T$ se réduit au poids de la partie de la barre inférieure à l'élément considéré, c'est-à-dire à la tension statique.

Pour $t = \frac{2l}{a}$, on trouverait que la vitesse $v$ est redevenue nulle en tous les points de la barre, mais que le déplacement $u$ et la tension $T$ ont doublé.

Pour $t = \frac{3l}{a}$, on trouverait au contraire que le déplacement $u$ et la tension $T$ sont redevenus les mêmes que pour $t = \frac{l}{a}$, mais que la vitesse est de signe contraire.

Pour $t = \frac{4l}{a}$, on retrouverait $u = 0$, $v = 0$, $T = 0$, et, à partir de ce temps, les mouvements se reproduiront périodiquement dans le même ordre.

En ayant égard à la formule

$$\sum \frac{\sin^2 (2i + 1) z}{(2i + 1)^4} = \frac{\pi z^2}{4} \left( \frac{\pi}{2} - \frac{2z}{3} \right),$$

qui a lieu de o à $\frac{\pi}{2}$, on trouvera pour l'expression de la force vive

$$Z = \frac{p^2 a^2 t^2}{l E} - \frac{2p^2 a^3 t^3}{3 l^2 E},$$

quantité dont le maximum, répondant à $t = \frac{l}{a}, \frac{5l}{a}$, etc., est

$$Z = \frac{1}{3} \cdot \frac{p^2 l}{E},$$

ou, en se rappelant la valeur de U trouvée ci-dessus,

$$Z = \frac{2}{3} p U.$$

**15.** Nous supposerons, en second lieu, que l'extrémité inférieure de la barre soit chargée d'un poids P, animé d'une vitesse initiale que nous désignerons par $V_0$.

Dans ce cas, outre l'équation différentielle générale, on aura encore une condition particulière à l'extrémité inférieure de la barre. Pour l'obtenir, remarquons que la masse dont le poids est P, est sollicitée d'une part par ce poids, et de l'autre par la tension de la barre, laquelle a pour expression $E \frac{du}{dx}$; on aura donc pour exprimer le mouvement de cette masse, la relation

$$(15) \qquad \frac{P}{g} \cdot \frac{d^2 u}{dt^2} = P - E \frac{du}{dx}, \quad \text{ou} \quad \frac{d^2 u}{dt^2} = g - \frac{gE}{P} \cdot \frac{du}{dx},$$

qui devrá être satisfaite pour $x = l$.

Si l'on tire de l'équation (12) les valeurs de $\frac{d^2 u}{dt^2}$ et de $\frac{du}{dx}$, qu'on les substitue dans (15), et que l'on fasse ensuite $x = l$, l'équation résultante sera

$$\sum m (A \sin mat + B \cos mat) \left( \frac{gE}{P} \cos ml - ma^2 \sin ml \right) = g - \frac{gEk}{P} + \frac{g^2 El}{a^2 P}$$

Pour que cette relation soit satisfaite quel que soit $t$, il faut que l'on ait séparément

$$\frac{gE}{P} \cos ml - ma^2 \sin ml = 0 \quad \text{et} \quad g - \frac{gEk}{P} + \frac{g^2 El}{a^2 P} = 0.$$

On tire de la dernière

$$k = \frac{P + p}{E},$$

et de la première

(16) $\quad ml \tang ml = \frac{p}{P}$, ou, pour abréger, $\quad ml \tang ml = \mu^2$.

Cette équation donnera pour $m$ une infinité de valeurs positives, dont chacune fournira un terme des deux sommes qui entrent dans la valeur générale de $u$. Il ne reste donc plus qu'à déterminer les coefficients A et B.

Soient toujours $u_0$ et $v_0$ les valeurs initiales de $u$ et de $v$, nous aurons

$$u_0 = kx - \frac{gx^2}{2a^2} + \sum B \sin mx.$$

Le premier membre étant une fonction donnée, et les deux premiers termes du second membre étant connus, la somme qui forme le troisième terme peut être regardée comme donnée; en la désignant par $\varphi(x)$, on aura

$$\varphi(x) = \sum B \sin mx.$$

Différentions par rapport à $x$, multiplions les deux membres par $\cos mx$, et intégrons entre les limites o et $l$; toutes les intégrales où $m$ entrera avec deux valeurs différentes disparaîtront d'elles-mêmes, en vertu de la relation (16), et il restera

$$\int_0^l \cos mx \cdot d\varphi = B \frac{2ml + \sin 2ml}{4},$$

d'où

$$B = \frac{4}{2ml + \sin 2ml} \int_0^l \cos mx \cdot d\varphi.$$

En opérant de même sur l'équation

$$v_0 = a \sum Am \sin mx,$$

on trouvera

$$A = \frac{4}{ma(2ml + \sin 2ml)} \int_0^l \cos mx \cdot dv_0.$$

On pourrait laisser ce coefficient sous cette forme; mais comme il peut être utile de mettre en évidence la valeur que prend $v_0$ pour $x = l$, et c'est le cas présent, on y parviendra en observant qu'on a, en général,

$$\int \cos mx \, dv_0 = \cos mx \, . \, v_0 + m \int v_0 \sin mx \, dx.$$

Or, pour $x = o$, on a $v_0 = o$, et pour $x = l$ on a, par hypothèse, $v_0 = V_0$; entre ces limites, on aura donc

$$\int_0^l \cos mx \, . \, dv_0 = V_0 \cos ml + m \int_0^l v_0 \sin mx \, dx,$$

et, par suite, la valeur de A deviendra

$$A = \frac{4}{ma \, (2ml + \sin 2ml)} \left( V_0 \cos ml + m \int_0^l v_0 \sin mx \, dx \right).$$

Il resterait enfin, pour obtenir l'expression générale de $u$, à tirer de l'équation (16) toutes les valeurs positives de $m$; à substituer ces valeurs dans celles de A et de B, à effectuer les intégrations indiquées; et chaque système de valeurs de $m$, A, B, fournirait un terme des séries qui entrent dans l'expression de $u$.

On ne peut entreprendre ces calculs sans faire une hypothèse particulière sur les fonctions $\varphi$ et $v_0$. On reconnaît toutefois que le mouvement de la barre se composera d'une suite indéfinie de vibrations. Les termes correspondants des deux séries qui entrent dans l'expression de $u$ redeviendront les mêmes au bout d'un temps égal à $\frac{2\pi}{ma}$. Mais ce temps, dépendant de $m$, variera d'un groupe de termes à l'autre; et comme, par la nature de l'équation (16) qui fournit les valeurs de $m$, ces valeurs sont nécessairement incommensurables entre elles, les séries elles-mêmes ne reprendront à aucun instant leur valeur primitive; et l'état de la barre se modifiant sans cesse, il n'y aura aucun son musical produit.

**16.** Considérons comme exemple le cas où l'état initial de la barre serait le repos absolu, dans la position d'équilibre autour de laquelle elle oscille lorsqu'elle est librement abandonnée, sans vitesse initiale, à l'action de la pesanteur. D'après ce qui a été dit au n° **14**, on aura

$$u_0 = \frac{px}{E} - \frac{px^2}{2lE},$$

et de plus $v_0 = 0$, dans toute l'étendue de la barre, excepté à l'extrémité inférieure, où la vitesse initiale est celle de la charge P, c'est-à-dire $V_0$.

La fonction que nous avons désignée par $\varphi(x)$ sera ici

$$\varphi(x) = -\frac{Px}{E}, \quad \text{d'où} \quad d\varphi = -\frac{P}{E}dx;$$

par suite, la valeur de B deviendra, après l'intégration,

$$B = -\frac{4P\sin ml}{mE(2ml + \sin 2ml)}.$$

Quant à celle de A, l'intégrale qu'elle contient se réduisant alors à son dernier élément, puisque $v_0$ est nul pour toute autre valeur de $x$ que $x = l$, doit être négligée vis-à-vis de la quantité finie $V_0 \cos ml$; il reste donc

$$A = \frac{4V_0 \cos ml}{ma(2ml + \sin 2ml)} = \frac{4PV_0 l \sin ml}{ap(2ml + \sin 2ml)}.$$

Substituant ces valeurs dans l'expression de $u$, on trouvera

$$(17) \quad \begin{cases} u = \frac{(P+p)x}{E} - \frac{px^2}{2lE} \\ + \frac{P}{E} \sum \frac{4\sin ml . \sin mx}{m(2ml + \sin 2ml)} \left( mV_0 \sqrt{\frac{El}{gp}} . \sin mat - \cos mat \right) \end{cases}$$

Pour obtenir les valeurs de $m$ qui entrent dans cette formule, le moyen le plus simple consiste à tracer la courbe qui a pour abscisses des valeurs de $ml$, et pour ordonnées celles de $ml \tang ml$. On reconnaît que cette courbe se compose d'une série de branches infinies, qui coupent l'axe des abscisses aux points dont les abscisses sont $0$, $\pi$, $2\pi$, $3\pi$, etc.; qu'en ces points l'inclinaison de la tangente est égale à l'abscisse, et que ces branches ont pour asymptotes les parallèles à l'axe des ordonnées, menées aux distances $\frac{\pi}{2}$, $\frac{3\pi}{2}$,

$\frac{5\pi}{2}$, etc. , de cet axe. Si l'on mène alors une parallèle à l'axe des abscisses, à la distance $\mu^2$ de cet axe, les abscisses des points de rencontre de cette parallèle avec la courbe seront les valeurs de $ml$ que l'on cherche; on en déduira immédiatement celles de $m$.

Il arrive, le plus souvent, dans les applications, que le poids $p$ est très petit par rapport à la charge P de la barre; dans ce cas $\mu^2$ étant très petit, la plus petite valeur de $ml$ se confond avec tang $ml$; et l'on peut, sans erreur sensible, prendre $ml$ égal à $\mu$. Si, maintenant, pour obtenir les valeurs suivantes de $ml$, on mène la parallèle dont il a été question, on pourra substituer à ses intersections avec la courbe, les points où elle rencontre les tangentes à cette courbe, menées aux points de rencontre de la courbe avec l'axe des abscisses; et, d'après la valeur de l'inclinaison de ces tangentes, il sera facile d'en déduire pour celle des abscisses $ml$ cherchées, la série

$$\mu, \ \pi+\frac{\mu^2}{\pi}, \ 2\pi+\frac{\mu^2}{2\pi}, \ \ldots n\pi+\frac{\mu^2}{n\pi}, \ \text{etc} \ldots$$

La première de ces valeurs étant supposée très petite, toutes les autres sont très grandes par rapport à celle-là; et comme $2ml$ entre au dénominateur du coefficient général de la série contenue dans l'expression (17), tandis que les facteurs variables au numérateur sont des sinus qui diminuent très rapidement à mesure que $m$ augmente, comme on peut s'en assurer, il en résulte que tous les termes de la série sont très petits par rapport au premier. Si l'on ne conserve que ce premier terme, on aura la valeur approchée

$$(18) \quad u = \frac{(P+p)x}{E} - \frac{px^2}{2lE} + \frac{P}{E} \cdot \frac{\sin mx}{m} \left( mV_0 \sqrt{\frac{El}{gp}} \cdot \sin mat - \cos mat \right),$$

formule où

$$m = \frac{1}{l}\sqrt{\frac{p}{P}}.$$

Dans ce cas, on voit que l'état de la barre redevient le même quand le temps augmente de

$$2n\pi \sqrt{\frac{Pl}{gE}};$$

en sorte que cette barre exécute une suite indéfinie d'oscillations sensiblement isochrones.

Si la vitesse $V_o$ est nulle, c'est-à-dire si la barre, dans son état d'équilibre stable, reçoit, sans vitesse initiale, l'action de la charge P, on a simplement

$$u = \frac{(P+p)x}{E} - \frac{px^2}{2lE} - \frac{P}{E} \cdot \frac{\sin mx \cdot \cos mat}{m},$$

quantité dont le maximum, répondant à

$$t = \frac{(2i+1)\pi}{ma} = (2i+1)\pi \sqrt{\frac{Pl}{gE}},$$

est, pour l'extrémité inférieure de la barre,

$$U = \frac{(P + \frac{1}{2}p)l}{E} + \frac{Pl}{E},$$

attendu que $\sin ml$ se confond avec $ml$. Le premier terme de cette expression est l'allongement de stabilité que prendrait la barre sous l'action de la charge P, et le second est celui que produirait cette charge seule, sans l'intervention du poids de la barre. On peut dire encore que l'allongement maximum se compose de l'allongement de stabilité que prendrait la barre sous l'action du seul poids de ses molécules, plus le double de celui qu'elle prendrait sous la charge P, si elle était sans pesanteur.

**17.** Comme second exemple, supposons que la barre ait été primitivement soumise à l'action d'une charge Q, et ait pris un mouvement vibratoire, qui puisse être représenté par l'équation (18), en y remplaçant P par Q, et $m$ par une quantité analogue $n$, dont la valeur sera $\frac{1}{l} \sqrt{\frac{P}{Q}}$; puis, qu'au bout d'un temps $\theta$, une charge additionnelle $Q'$ vienne choquer la première, de haut en bas, avec une vitesse $V_1$, de telle manière que les deux masses réunies après le choc, dont la durée est très petite, aient acquis une vitesse commune $W_o$.

Il ne sera pas toujours possible de déduire rigoureusement $W_o$ de $V_1$; mais on le pourra, dans un grand nombre de cas, avec une approximation suffisante. Soient en effet, M et M' les masses des poids Q et Q', T la valeur absolue de la tension à l'extrémité inférieure de la barre, R la grandeur absolue de la résultante des actions moléculaires qui s'exercent au contact des corps choquant et choqué, résultante qui est la même, au signe près, soit que l'on considère l'action ou la réaction; enfin soit $\delta$ la durée du choc, et $w$ la vitesse de l'extrémité inférieure de la barre au moment où le choc commence. On aura, en vertu de principes connus:

$$M'W_0 - M'V_1 = \int_0^\delta (Q' - T - R)dt, \quad \text{et} \quad MW_0 - Mw = \int_0^\delta (Q + R - T)dt.$$

Mais, dans les cas les plus ordinaires, la force R sera très grande par rapport aux forces Q, Q' et T; et si l'on néglige ces dernières, les intégrales ci-dessus deviennent égales et de signe contraire. Si l'on ajoute les deux équations membre à membre, et qu'on en tire la valeur de $W_0$, on trouvera, après avoir remplacé les masses par les poids,

$$W_0 = \frac{Q'V_1 - Qw}{Q + Q'},$$

ou simplement

$$W_0 = \frac{Q'V_1}{Q + Q'},$$

si $w$ est négligeable vis-à-vis de $V_1$, comme cela a lieu d'ordinaire.

Pour exprimer l'état initial de la barre, c'est-à-dire son état à l'instant où le choc commence, il suffira de faire dans l'équation (18) les changements indiqués tout-à-l'heure, et de remplacer la variable $t$ par la constante $\theta$, ce qui donnera

$$u_0 = \frac{(Q + p)x}{E} - \frac{px^2}{2lE} + \frac{Q}{E} \cdot \frac{\sin nx}{n} \left( nV_0 \sqrt{\frac{El}{gP}} \sin na\theta - \cos na\theta \right);$$

équation dans laquelle il faut se rappeler que

$$n = \frac{1}{l} \sqrt{\frac{P}{Q}}.$$

On tirera de même de l'équation (18) la valeur de la vitesse

5

initiale: il suffira pour cela, après y avoir opéré les modifications dont il a été question, de la différentier par rapport à $t$, et de remplacer ensuite $t$ par $\theta$, ce qui donnera

$$v_0 = \frac{Qa}{E} \sin nx \left( n V_0 \sqrt{\frac{EI}{gP}} \cos na\theta + \sin na\theta \right).$$

Cette équation aura lieu pour tous les points de la verge, excepté pour l'extrémité inférieure, où la vitesse initiale pourra être prise égale à $W_0$, attendu la courte durée du choc.

Pour abréger, nous représenterons par G la quantité entre parenthèses dans la valeur de $u_0$, et par H la quantité analogue dans la valeur de $v_0$. On trouvera sans peine que la fonction désignée plus haut, en général, par $\varphi(x)$, sera ici donnée par la relation

$$\varphi(x) = -\frac{Q'x}{E} + \frac{GQ}{E} \cdot \frac{\sin nx}{n},$$

d'où

$$d\varphi = -\frac{Q'dx}{E} + \frac{GQ}{E} \cos nx \, dx.$$

Les intégrations nécessaires pour obtenir les valeurs générales des coefficients A et B s'effectueraient sans difficulté, et il resterait à substituer ces valeurs dans l'expression générale de $u$, où l'on aurait, comme plus haut,

$$k = \frac{P+p}{E}, \quad ml \tan ml = \frac{p}{P},$$

et de plus

$$P = Q + Q'.$$

**18.** Cette question n'offrant, dans sa généralité, aucune circonstance remarquable, nous supposerons, en particulier, que la barre était en équilibre stable sous l'action de la charge primitive Q, lorsque la charge additionnelle Q' est venue la choquer avec la vitesse $V_1$. Dans ce cas on aura simplement

$$u_0 = \frac{(Q+p)x}{E} - \frac{px^2}{2lE}, \quad \text{et} \quad v_0 = 0,$$

cette dernière équation ayant lieu pour tous les points de la barre, à l'exception de l'extrémité inférieure, où la vitesse initiale sera $W_0$, quantité calculée d'après $V_1$, comme nous l'avons dit ci-dessus.

Dans cette hypothèse on aura

$$\varphi(x) = -\frac{Q'x}{E}, \quad \text{d'où} \quad d\varphi = -\frac{Q'}{E}dx;$$

et, si l'on répète les calculs indiqués au n° 16, que l'on substitue dans l'expression générale de $u$ les valeurs trouvées pour A et B, et qu'on remplace $W_0$ par sa valeur, on parviendra à l'équation

$$u = \frac{(P+p)x}{E} - \frac{px^2}{2lE} + \frac{Q'}{E}\sum\frac{4\sin ml \cdot \sin mx}{m(2ml+\sin 2ml)}\left(mV, \sqrt{\frac{lE}{gp}}\sin mat - \cos mat\right),$$

qui est tout-à-fait de même forme que l'équation (18), mais où l'on remarque que les termes relatifs à l'équilibre stable dépendent de la charge totale $P = Q + Q'$, tandis que ceux qui sont relatifs au mouvement vibratoire ne dépendent que de la charge additionnelle $Q'$, comme on pouvait le prévoir.

19. Nous remarquerons en terminant, que, dans toutes les questions qui précèdent, la théorie indique toujours une suite indéfinie de vibrations qui se perpétuent sans s'éteindre. Il n'en est pas ainsi dans la nature; et cette différence peut être attribuée à plusieurs causes. D'abord, on fait abstraction, dans le calcul, de la résistance de l'air, qui s'oppose constamment, quoique faiblement, au mouvement vibratoire de la barre. En second lieu, la théorie suppose que l'une des extrémités de cette barre soit rigoureusement fixe, ce qui oblige à admettre que le corps dans lequel elle est encastrée soit tout-à-fait inaltérable et infiniment résistant. Or, dans la réalité, les molécules de ce corps, qui sont en contact avec l'extrémité encastrée, cèdent de plus en plus à l'action des chocs réitérés qu'elles éprouvent à chaque oscillation de la barre, et il en résulte des pertes de force vive, qui tendent à éteindre son mouvement. Enfin, les vitesses des molécules de la barre sont encore incessamment diminuées par la communication de mouvement qui

s'établit, en raison des chocs dont nous parlons, de la masse de la barre à celle du corps où elle est encastrée, et par suite au sol même ; et c'est en vertu de toutes ces causes que le mouvement vibratoire de la barre se trouve souvent, au bout d'un temps très court, complétement anéanti.

# THÈSE D'ASTRONOMIE.

SUR LE MOUVEMENT RELATIF

# DES ÉTOILES DOUBLES.

## I.

**1.** Les systèmes d'étoiles doubles peuvent, sans erreur appréciable, être considérés comme entièrement libres; le centre de gravité a dès-lors un mouvement rectiligne et uniforme.

Les vitesses des deux étoiles, par rapport à ce centre, sont constamment parallèles, de sens contraire, et inversement proportionnelles aux masses.

**2.** En étendant aux étoiles doubles le principe de l'attraction universelle, on démontre que les orbites qu'elles décrivent autour du centre de gravité du système sont des ellipses.

**3.** Ces ellipses sont des courbes semblables, ayant un foyer commun, et leurs grands axes en ligne droite.

L'orbite que décrit l'une des étoiles autour de l'autre considérée comme fixe, est une ellipse semblable aux deux premières.

**4.** Équations du mouvement elliptique relatif, dans son plan.

**5.** Expression générale de la vitesse.

**6.** Formules qui servent à rapporter l'orbite à un plan fixe. Marche générale qu'il faudrait suivre pour déduire de quatre observations les éléments de cette orbite.

Cas particulier où l'orbite apparente est une droite.

**7.** Difficultés que présente l'élimination de l'anomalie excentrique entre les trois équations du mouvement. Elles diminuent quand on a cinq observations.

II.

**8, 9, 10.** Exposé de la méthode employée dans la pratique pour déduire d'abord de quatre observations les éléments de l'orbite apparente.

**11, 12.** On en déduit les éléments de l'orbite réelle.

**13, 14, 15, 16.** Méthode particulière pour le cas où le plan de l'orbite passe par le lieu du spectateur.

**17.** Détermination du rapport des masses des deux étoiles, par la comparaison de leur mouvement absolu et de leur mouvement relatif.

**18.** On pourrait obtenir le rapport de l'une des deux masses à celle du Soleil, si la parallaxe annuelle de l'étoile était connue.

*Vu et approuvé,*

Le Doyen de la Faculté,

J.-B. BIOT.

*Permis d'imprimer,*

l'Inspecteur général des Études,

*chargé de l'administration de l'Académie de Paris,*

ROUSSELLES.

www.ingramcontent.com/pod-product-compliance
Lightning Source LLC
Chambersburg PA
CBHW060500210326
41520CB00015B/4036